Yvonne Metzger

Das Ruhrgebiet – Eine Betrachtung von Siedlungsraum, Kultur und Identität vor dem Hintergrund des strukturellen Wandels der Region

GRIN Verlag

Dieses Buch bei GRIN:

http://www.grin.com/de/e-book/132866/das-ruhrgebiet-eine-betrachtung-von-
siedlungsraum-kultur-und-identitaet

Westfälische Wilhelms - Universität Münster
Zentrum für Niederlande-Studien
Hauptseminar: Die Niederlande und Deutschland aus der Sicht der neuen Kulturgeographie
Dozentin: Anke Strüver
Wintersemester 2003/2004
7. Fachsemester

<u>**Hausarbeit**</u>

**Das Ruhrgebiet –
Eine Betrachtung von Siedlungsraum, Kultur und Identität vor
dem Hintergrund des strukturellen Wandels der Region**

Yvonne Metzger
Matrikelnummer: 283105
Hammer Straße 37
48151 Münster

Inhaltsverzeichnis

I. Einleitung

Das Ruhrgebiet, mit einer Fläche von 4433km^2, einer Einwohnerzahl von 5,4 Millionen und einer Bevölkerungsdichte von 1230 Einwohnern pro Quadratkilometer (in der Bundesrepublik Deutschland sind es 229 Einwohner/ km^2) der größte industrielle Ballungsraum in Europa, besitzt unzählige Aspekte, die lohnenswert wären zu analysieren. Geschichte, Bevölkerung, industrielle Entwicklung, Stadtentwicklung, Kultur, Verkehr, Wirtschaft, Natur, Ökologie, Bodenbeschaffenheit, Politik, Bildungswesen, soziale Struktur, Religion, und vieles mehr können inhaltlich eine eigene wissenschaftliche Arbeit ausfüllen.

Ziel dieser Hausarbeit ist die darstellende Analyse der Entwicklung des Siedlungsraumes, der Kultur und der Identität der Bevölkerung vor dem Hintergrund des tiefgreifenden Strukturwandels, der durch wirtschaftliche und gesellschaftliche Veränderungen ausgelöst statt fand und immer noch statt findet. Aufgrund der Fülle an Literatur wird kein Anspruch auf eine vollständige Darstellung erhoben. Es soll vielmehr versucht werden, die Zusammenhänge zwischen den einzelnen Komponenten aufzuzeigen und ein Gesamtbild über das Ruhrgebiet zu vermitteln. Der Schwerpunkt liegt dabei auf den Themenbereichen der Stadtplanung und der Kultur. Es soll anhand von historisch-wirtschaftlichen und gesellschaftlichen Entwicklungen heraus gearbeitet werden, wie das Ruhrgebiet im Laufe der letzten vier Jahrzehnte den Weg zu einer Kulturlandschaft betreten hat und seine Vergangenheit als industrielles Zentrum von wirtschaftlicher Bedeutung mehr und mehr hinter sich lässt. Darüber hinaus soll der Frage nachgegangen werden, wie die Bevölkerung diesen Veränderungen gegenüber steht.

Die gesamte Arbeit muss immer vor dem gesellschaftlichen, wirtschaftlichen und sozialen Strukturwandel in der Bundesrepublik Deutschland betrachtet werden. Er ist ein weltweiter – besonders in den westlichen Industrieländern – im Rahmen der Globalisierung ablaufender Prozess, der etwa in der Mitte der 50er Jahre einsetzte und sich bis in die Gegenwart in schnellem Tempo vollzog und noch keineswegs abgeschlossen ist. Er macht sich nicht allein wirtschaftlich im Sinne der Sektorentheorie Fourastiés, die die Verschiebung des Arbeitsplatzschwerpunktes vom agrarwirtschaftlichen, primären zum industriellen, sekundären Sektor und von diesem zum tertiären Dienstleistungssektor erklärt, bemerkbar, sondern auch gesellschaftlich im Sinne des allgemeinen Wertewandels und der Veränderung von Lebensstilen. Hinzu kommen demographische Veränderungen, die sich in der Bundesrepublik Deutschland sehr stark äußern. Die Bevölkerung wird durchschnittlich immer älter, was langfristig eine innovative Sozialpolitik erfordert.

Die Arbeit gliedert sich in vier Bereiche. Zu Beginn wird die Phase der Deindustrialisierung, die in der ersten Kohlekrise ihren Anfang findet, nachgezeichnet. Diese Phase geht über in den grundlegenden wirtschaftlichen Strukturwandel. Mit diesem geht ein gesellschaftlicher Strukturwandel einher, der in vielerlei Hinsicht völlige Neuorientierung bedeutet.

Im Folgenden soll näher auf den Siedlungsraum Ruhrgebiet eingegangen werden. Es wird differenziert zwischen der siedlungsstrukturellen Entwicklung bis zum Zweiten Weltkrieg und den nach 1945 gewandelten städtebaulichen Leitbildern und Stadtplanungen. Hierbei wird gesondert auf die ökologischen Komponenten dieser Leitbilder eingegangen, da sie maßgeblich zum heutigen Baustil im Ruhrgebiet beigetragen haben bzw. es noch immer tun. In einem Exkurs soll auch auf die Entwicklung großer Einkaufszentren eingegangen werden.

Der dritte Teil der Arbeit befasst sich mit dem Großprojekt Internationale Bauausstellung Emscher Park, dass von 1988 bis 1998 kennzeichnendes strukturumgestaltendes Merkmal des Ruhrgebiets war. Nach der Erläuterung der Ziele und Leitideen der IBA soll auf die Inhalte dieses Projektes eingegangen werden. Zum einen waren siedlungsverändernde Maßnahmen von Bedeutung. Es handelt sich hierbei um die Sanierung von alten Arbeiterwohnsiedlungen aus industrieller Zeit. Zum anderen spielt die Kultur eine ganz entscheidende Rolle. Die kulturelle Inszenierung alter Industrieanlagen und die Errichtung von zahlreichen neuen, kulturell bedeutenden Objekten hat die gesamte Struktur im Ruhrgebiet. Sie wird von Stadtplanern und Politikern auch als entscheidender Einflussfaktor für ein regionales Identitätsgefühl gesehen. Ob dem so ist, soll im vierten Teil erörtert werden. Zum Schluss werden zukunftsweisende Prognosen und Entwicklungen dargestellt und offene Fragen diskutiert.

II. Sozioökonomische Aspekte des Strukturwandels

2.1. Wirtschaftlicher Strukturwandel - Der Prozess der Deindustrialisierung

Im Ruhrgebiet setzte der Strukturwandel mit der ersten Kohlekrise zu Beginn der 50er Jahre ein. Die bis dahin bedeutende Produktion von Kohle verlor mehr und mehr an Bedeutung, da die Kohle zunehmend durch andere Energieträger wie z. B. Erdöl und Erdgas substituiert wurde. Zudem wurde gerade im Rahmen der zunehmenden Internationalisierung vermehrt billiger hergestellte Kohle aus den USA importiert. Sie konnte dort aufgrund der geologischen Lagerverhältnisse günstiger abgebaut werden. Die fortschreitende Technologie trug ebenfalls ihren Anteil zur Krise bei. So führte beispielsweise die zunehmende Verwendung von Dieselloks zu einem sinkenden Anteil des Steinkohleverbrauchs. „Beim Endenergieverbrauch sank der Anteil der Steinkohle (und der Steinkohlenprodukte) von 49,4% im Jahr 1958 auf 10,7% im Jahr 1972, während der Anteil von Mineralölen im gleichen Zeitraum von 17,6% auf 60,0% stieg (besonders im Verkehrs- und Haushaltssektor)."[1] Man versuchte der daraus folgenden Überproduktion an Kohle mit der „Mechanisierung des Abbaus und der Steigerung der Arbeitsproduktivität"[2] entgegenzuwirken. Auf diese Weise wurden nach und nach Zechen geschlossen, was zu einer großen Anzahl an Entlassungen und schließlich zu einer zunehmenden Abwanderungsrate aus dem Ruhrgebiet führte. Die erste Kohlekrise wurde in den 60er Jahren durch den Rückgang der inländischen Nachfrage, den weltweit fortschreitenden Konkurrenzdruck und eine zunehmende Substituierung der Steinkohle verschärft und führte zur sogenannten zweiten Kohlekrise. Die unmittelbar auf die Kohlekrisen folgende erste Ölkrise und die zweite Ölkrise in den 80er Jahren führten zu einer *weltweiten* wirtschaftlichen Krise, die das Ruhrgebiet deutlich zu spüren bekam. Mehr oder weniger parallel setzte in der Mitte der 70er Jahre die Krise in der Eisen- und Stahlindustrie ein. Insgesamt wurden in dieser Zeit mehrere hunderttausend Arbeitsplätze abgebaut, für die es mittelfristig keinen Ersatz gab. Bis zum Jahr 2000 stieg die Arbeitslosenquote im Ruhrgebiet von 3,3% im Jahr 1974 auf 12,2%, wobei sie in den Jahren 1987/88 mit 15,1% ihren höchsten Wert erreichte. Einhergehend mit der wirtschaftlichen Krise wanderte ein erheblicher Anteil der jüngeren, höher qualifizierten Arbeitskräfte ab und hinterließ eine eher sozial schwache, von einem hohen Ausländeranteil geprägte Bevölkerungsgruppe. Die sozialen Probleme verschärften sich. Obwohl im Ruhrgebiet eine zunehmende Zahl von Arbeitsplätzen im Dienstleistungssektor zu verzeichnen war, konnte diese die Zahl der verlorenen Arbeitsplätze im industriellen Sektor längst nicht kompensieren. Die beschäftigungspolitischen Folgen der Krise in der altindustriellen Region Ruhrgebiet konnten bis heute nicht ausgeglichen werden. Zwar wurde versucht, die Krise durch den Ausbau von Bildungseinrichtungen zu beheben, doch die Strukturprobleme waren zu tiefgreifend. Zudem erfolgen politische Maßnahmen in erster Linie durch die Landesregierung Nordrhein-

---

[1] *Goch*, Stefan: Eine Region im Kampf mit dem Strukturwandel. Bewältigung von Strukturwandel und Strukturpolitik im Ruhrgebiet. Essen, 2002. S. 161

[2] Ebd. S. 162

Westfalens und diese war in ihren finanziellen Mitteln sehr beschränkt. Auch die staatliche Förderung der Kohle konnte daran nichts ändern.

2.2. Gesellschaftlicher Strukturwandel: Um- und Neuorientierung

Das überwältigende Ausmaß des Strukturwandels machte sich vor allem darin bemerkbar, dass längst nicht nur ökonomische Bereiche betroffen waren, sondern auch ein tiefgreifender gesellschaftlicher Wandel statt fand und noch immer statt findet, der von der Pluralisierung der Lebensstile bis hin zu völlig veränderten Grundlagen in der modernen Arbeitswelt reicht.[3] Auch bildungspolitische Aspekte spielten eine zunehmende Rolle, insbesondere hinsichtlich der steigenden Problematik eines zunehmenden Ausländeranteils, von der Nordrhein-Westfalen in besonderem Maße betroffen ist. Selbstverständlich ist auch die fortschreitende Globalisierung ausschlaggebend für die genannten Aspekte und macht eine tiefgreifend fundierte Planung umso notwendiger.

Im Rahmen von Landesentwicklungsplänen sollten seit den 70er Jahren gezielt der Städtebau und die Stadtentwicklung gefördert werden. Neben der Verbesserung der Gewerbe- und Industriestrukturen wollte man auch den Freizeit- und Erholungswert des Ruhrgebietes durch die Ausweisung von Grünflächen steigern. Neue städtebauliche Leitbilder mit den Zielen einer ökologischen und urbanen Qualität, der Verbesserung der unzureichenden Infrastruktur und der Förderung sozialer und kultureller Einrichtungen kamen auf. Sie legten den Grundstein für einen grundlegenden Wandel in der Region, sowohl wirtschaftlich, als auch sozial und kulturell gesehen.[4] Diese neuen Leitbilder müssen auch vor einem grundlegenden gesellschaftlichen Wandel in der Bundesrepublik gesehen werden. In der Literatur spricht man von einem zunehmenden Wertewandel, der im Laufe der 70er Jahre einsetzte. Dieser Wertewandel ist gekennzeichnet durch sich verändernde Haushaltsstrukturen, sich wandelnde spezifische Lebensstile und im weitesten Sinne auch eine grundlegende Neuorientierung im Bereich Arbeit und Freizeit. Für den Bereich Arbeit ist eine Veränderung des Normalarbeitsverhältnisses im Rahmen der neuen Erfordernisse an die Dienstleistungsgesellschaft charakteristisch. Als Stichworte seien hier nur die Forderung nach einem hohen Maß an Flexibilität und die starke Technisierung bzw. Computerisierung des Arbeitsplatzes genannt. Im Folgenden soll nun genauer auf die Folgen des gesellschaftlichen Wandels innerhalb der Städte und im Bereich Kultur eingegangen werden. Durch den zunehmenden Rückgang der Geburtenrate seit den 60er Jahren - auch als sogenannter ‚Pillenknick' bezeichnet - stieg die Zahl der Einpersonenhaushalte bzw. der Singlehaushalte beträchtlich an, was eine grundlegende Umorientierung in der Wohnungsmarktpolitik erforderte. Familien ziehen vermehrt in die peripheren Gebiete in ein ‚Häuschen im Grünen'. Dieser Suburbanisierungstrend machte sich auch im Ruhrgebiet bemerkbar und ist gekennzeichnet durch den Aus- und Umbau von sogenannten Gartenstädten. Auf die Gartenstädte wird unter Punkt 4.2 näher eingegangen. Die Singlehaushalte finden sich in erster Linie in den innenstadtnahen Bereichen und in der City, was eine spezifische Angebotsstruktur für diesen Teil der Städte erfordert. Die zunehmende Bedeutung von Freizeit und Vergnügen in der oft titulierten Erlebnis- oder Spaßgesellschaft führt ebenfalls zu sich wandelnden Konstruktionen des Raumes, z. B. durch die Errichtung von riesigen

---

[3] *Wood*, Gerald: Projektorientierte Planung im Ruhrgebiet. Die internationale Bauausstellung (IBA) Emscher Park. In: Habrich, Wulf/ Hoppe, Wilfried (Hrsg): Strukturwandel im Ruhrgebiet. Perspektiven und Prozesse. Dortmunder Vertrieb für Bau- und Planungsliteratur. Dortmund, 2001.

[4] *Goch*, Stefan: Eine Region im Kampf mit dem Strukturwandel. Bewältigung von Strukturwandel und Strukturpolitik im Ruhrgebiet. Essen, 2002.

Erlebnisparks. Insgesamt liegen die Schwerpunkte des nachzuholenden Urbanisierungsprozesses im Ruhrgebiet also auf den folgenden Schwerpunkten: Schaffung von qualitativ hochwertigem Wohnraum unter besonderer Berücksichtigung der Bereiche Freizeit, Ökologie und Kultur.

III. Siedlungsraum Ruhrgebiet – Wandel der städtebaulichen Leitbilder und Weiterentwicklung der Siedlungsstruktur

3.1. Entwicklung der Siedlungsstruktur von Beginn der Industrialisierung bis zum Zweiten Weltkrieg

Um die in den folgenden Punkten aufgeführten städtebaulichen Maßnahmen nachvollziehen zu können, soll zunächst kurz ein Überblick über die Siedlungsstruktur des Ruhrgebietes in der Zeit der Industrialisierung gegeben werden.
Die Struktur der städtischen Siedlungen wurde von Detlev Vonde treffend mit seinem Buchtitel „Revier der großen Dörfer" beschreiben.[5] Im 18. Jahrhundert waren die Siedlungen im Ruhrgebiet vorwiegend ackerbaulich geprägt. Viele Einzelhöfe waren ungeordnet im Raum verstreut. Seit der Mitte des 19. Jahrhunderts veränderte sich das Siedlungsbild. Aufgrund der beginnenden Industrialisierung und dem damit vorhandenen großen Arbeitsplatzangebot konnte die Region enorme Zuwanderungsströme, davon viele aus Preußen und Polen, verzeichnen. Die Bevölkerung siedelte sich vorwiegend in der Hellwegzone an, was zu einer schnellen Verdichtung des Raumes führte. Zu Beginn entstanden die Siedlungen noch weiter entfernt von den Zechengeländen, später wurden speziell für die Bergbauarbeiter eigene Kolonien direkt bei den Zechenanlagen angelegt. Diese werkseigenen Siedlungen wiesen nur einen sehr geringen Komfort auf und waren reine Arbeiterwohngebiete. Im Laufe der Zeit weiteten sich die Siedlungen bis in die Emscherzone aus. Zudem entstanden in wachsendem Maße Mietwohnungen. Die Lage der Siedlungen orientierte sich an den ausfallenden Eisenbahnlinien und den vorhandenen Flussläufen, die Siedlungen selbst hatten bereits in dieser Zeit teilweise gartenstadtähnlichen Charakter. Kennzeichnend für die siedlungsstrukturelle Entwicklung dieser Zeit ist jedoch eine völlig planlose Bauweise kreuz und quer durch die vorhandene Landschaft. So entstand ein ungeordnetes Siedlungsbild aus Industrieanlagen und Wohnsiedlungen, welches umso unstrukturierter wurde, je schneller die Zahl der Bevölkerung anstieg.[6] Auf diese Weise verdichtete sich der Raum und besonders die großen Städte der Hellwegzone wuchsen funktional und verkehrstechnisch immer mehr zusammen. Auf diese Weise bildete sich die noch heute für das Ruhrgebiet charakteristische polyzentrische Siedlungsstruktur heraus. Die Region ist also ein polyzentrischer Ballungsraum[7].

---

[5] *Blotevogel*, Hans Heinrich: Das Ruhrgebiet – Vom Montanrevier zur postindustriellen Urbanität? In: Heineberg, H./ Temlitz, K.(Hrsg.): Strukturwandel und Perspektiven der Emscher-Lippe-Region im Ruhrgebiet. Geographische Kommission für Westfalen. Aschendorff Verlag GmbH und Co. KG. Münster, 2003.

[6] *Kersting*, Ruth/ Ponthöfer, Lore (Hrsg.): Wirtschaftraum Ruhrgebiet. Cornelsen & Schroedl Gmbh & Co. Berlin, 1990.

[7] Definition ‚Ballungsraum' nach *Leser*: in der Regel gleichbedeutend mit Ballungsgebiet verwendet. (...)
Definition ‚Ballungsgebiet': (...) größeres Gebiet (...) in dem mindestens 500.000 Einwohner bei einer Bevölkerungsdichte von mindestens 1000 Einwohner/ km2 leben.(...)meist durch Verdichtungsraum bzw. Agglomerationsraum ersetzt, weil er sich aus ökologischer Sicht mit Negativwertungen verbindet, z.B. Lastraum, für den ein ökologischer Ausgleich nötig ist.

3.2. Stadtentwicklung und Stadtplanung nach dem Zweiten Weltkrieg

Die Zerstörungen der Städte im zweiten Weltkrieg stellten nur einen kurzen Einschnitt in die siedlungsstrukturelle Entwicklung dar. Kurz nach dem Krieg strömten Vertriebene zurück in das Ruhrgebiet, die Bevölkerungsverluste waren in kurzer Zeit wieder ausgeglichen.

Das Siedlungswachstum und die Stadterneuerung nach dem zweiten Weltkrieg ist geprägt von mehreren Aspekten: auf der einen Seite spielt die Modernisierung, Erneuerung und Weiterentwicklung eine bedeutende Rolle in den Bauprojekten der Stadtplaner, auf der anderen Seite sollen Grundzüge der alten Industriesiedlungen bewahrt werden. Letztere sollen durch umfassende Sanierungsprojekte mit Beteiligung der seit Jahrzehnten dort lebenden Bergbaubevölkerung realisiert werden. In den meisten Bauvorhaben wurden diese zwei Aspekte schließlich miteinander verbunden.

Die freien, dem Wohnungsbau zur Verfügung stehenden Flächen, waren jedoch schnell bebaut und eine in Verbindung mit der zunehmenden Motorisierung stehende Stadt-Rand-Wanderung setzte ein. Großflächig angelegte Siedlungen entstanden am Rande der Stadtbezirke. Zu Beginn konnte parallel zu Investitionen in den Außenstadtbereichen auch noch in den Wohnungsbau und in die Infrastruktur der Innenstädte investiert werden, aber die steigenden Bodenpreise und das Bundesbaugesetz von 1960 verhinderten schließlich die Fortführung wohnungsbaulicher Maßnahmen. Die Qualität der Wohnungen in den Innenstädten sank daraufhin, ein weiterer Verlust der Wohnbevölkerung durch Abwanderung war die Folge. Während sich nun in der City zunehmend Einzelhandelsgeschäfte, Banken und Büros niederließen, suchten sich die großen Einkaufszentren neue Standorte im nahgelegenen Umland, um räumlich näher an ihren potentiellen Kunden sein zu können. Auf die Entwicklung großer Einkaufszentren wird im Exkurs unter Punkt 3.3 genauer eingegangen.

In den 60er Jahren wurde eine große Anzahl von städtebaulichen Entwicklungs- und Planungsprogrammen aufgestellt, die im wesentlichen alle das Konzept von sogenannten Siedlungsschwerpunkten und Zentralen Orten[8] verfolgten. In der Ausführung bedeutete dies neben einer Neustrukturierung der Siedlungsfläche und der Verwendung ungenutzter Brachen auch den Abriss von veralteten Werkssiedlungen. Ziel war eine nachhaltige Flächensanierung und die Verhinderung von weiteren Suburbanisierungstendenzen.

Im Laufe der 60er Jahre stieg durch viele Eingemeindungen der Umfang der einzelnen Städte enorm an und führte zu einem vergrößerten Maß an Anonymität zwischen den Bürgern und der jeweiligen kommunalen Verwaltung. Bevölkerung und Industrie erforderten einen grundlegenden Ausbau des Verkehrsnetzes und der institutionellen Versorgungseinrichtungen, wie z. B. der Abwasser- und Abfallbeseitigung. Hierfür war eine kommunale Zusammenarbeit notwenig. So kam es dazu, dass der im Jahr 1920 gegründete Siedlungsverband Ruhrkohlenbezirk in den späten 70er Jahren zum Kommunalverband Ruhrgebiet umgetauft wurde. Zu seinen Aufgaben gehörten bzw. gehören neben den verkehrsbezogenen und institutionellen Aufgaben auch die Stadtentwicklungsplanung und die Sicherung von Grün- und Freiflächen. Letzteres gewann besonders seit etwa 1975 an Bedeutung. Deshalb soll diesem Aspekt mit Punkt 3.2.2. ein gesonderter Abschnitt gewährt werden.[9]

Der Kommunalverband Ruhrgebiet sollte auch dazu dienen, die bestehende Konkurrenz unter den Zentren zu verringern. Durch das Fehlen eines höchstrangigen Zentrums im Gesamtraum

---

[8] Definition ‚Zentraler Ort' nach *Leser*: Standort – in der Regel als Stadt oder städtische Siedlung verstanden -, an dem zentrale Dienste und Güter für die Versorgung eines Umlands, des Einzugsbereiches, angeboten werden. Ein Z.O besitzt Zentralität, d.h. Bedeutungsüberschuß (sic! Y.M.) über die Versorgung der eigenen Bevölkerung hinaus.

[9] *Kersting*, Ruth/ Ponthöfer, Lore (Hrsg.): Wirtschaftraum Ruhrgebiet. Cornelsen & Schroedl Gmbh & Co. Berlin, 1990.

des Ruhrgebiets, was auf die bereits erwähnte polyzentrische Struktur zurück zu führen ist, folgt eine Überlagerung städtischer Teilräume. Zudem besteht zwischen den einzelnen Oberzentren keine Funktionsteilung, was ebenfalls zu erhöhter Konkurrenz führt. Hinzu kommt, dass es eine Vielzahl von Subzentren gibt. In ihnen wurden Maßnahmen zur Attraktivitätssteigerung vorgenommen, um eine stärkere Inanspruchnahme seitens der Bevölkerung zu erzielen. Auf diese Weise werden die Cities der Oberzentren entlastet und spezifische oberzentrale Funktionen von den Subzentren übernommen.

3.2.1. Die Bedeutung von Grünflächen in der Stadtplanung der Nachkriegszeit

Die „neuen grünen Utopien und Visionen von einer besseren, offeneren, gleicheren, ökologischeren und grüneren Industriestadt sind eigentlich noch immer und schon wieder Ausdruck eines deutschen Idealismus." [10] Gerade im Ruhrgebiet wurde versucht, das alte Image eines schmutzigen grauen Kohlepotts durch das neue Image einer grünen, ökologisch orientierten Stadtlandschaft zu ersetzen. „Stadthygiene statt Kohlenstaub, Gartenleben kontra Großstadtmoloch."[11] Kennzeichnend für diese Visionen war die Schaffung von Landschaftsparks, sogenannten Revierparks und das Einfügen von zahlreichen großen und kleinen grünen Freiflächen in den Städten. Der Landschaftspark in Duisburg-Meiderich beispielsweise verbindet die alten Industriestrukturen mit neuem Grün.
Abgesehen von der Tatsache, dass es schon Leitbilder einer grünen Stadt in der Zeit vor der Jahrhundertwende gab, haben sich die Grundsätze aus der Phase nach dem zweiten Weltkrieg mehr oder weniger bis heute erhalten. Im Rahmen des Wiederaufbaus verstärkte sich mehr und mehr das Prinzip des aufgelockerten, funktional und verkehrstechnisch weiträumigen Städtebaus. Das städtische Grün sollte zunächst funktional unterschiedliche Bereiche voneinander trennen.
„Die großen Marksteine für eine neue Grünpolitik im Ruhrgebiet sind die Bundesgartenschauen 1959 in Dortmund (der 1969 eine zweite folgte) und 1965 in der Gruga in Essen. Beide Male wurden bestehende Parks erweitert, beide Male Tendenzen der zeitgemäßen Grün- und Gartenplanung für die dauernde Nutzung ins Ruhrgebiet übersetzt."[12] Ausschlaggebend für neue Visionen des Grüns in den Städten war aber nicht nur das gewünschte Bild des Grüns an sich, also die visuelle Komponente, sondern auch das steigende Erholungsbedürfnis der Bevölkerung. Die Anfänge der sogenannten Freizeitgesellschaft sind in dieser Zeit zu verzeichnen und erforderten eine ausgedehnte Planung von Sportanlagen, Naherholungsmöglichkeiten und groß angelegten Parks. So wurden Landschaftsräume wie z.B. die Ruhrauen zwischen Mülheim und Kettwig oder der Naturpark Hohe Mark am Nordrand des Industriegebiets gesichert.

3.2.2. Die Inhalte einer ökologisch orientierten Stadtplanung in der Gegenwart

Für Michel Vesper, Minister für Bauen und Wohnen des Landes Nordrhein-Westfalen ist klar, dass die Stadt der Zukunft nur unter ökologischen Gesichtspunkten weiterentwickelt werden kann, da zunehmende Abfallentsorgungsprobleme, ein Mangel an sauberem Trinkwasser,

---

[10] *Kastorff-Viehmann*, Renate: Das Ruhrgebiet eine „grüne Stadt"? In: Kastorff-Viehmann, Renate (Hrsg.): Die grüne Stadt. Klartext. Essen, 1998. S.8

[11] Ebd.

[12] *Kastorff-Viehmann*, Renate: Die Stadt und das Grün 1860 bis 1960. In: Kastorff-Viehmann, Renate (Hrsg.): Die grüne Stadt. Klartext. Essen, 1998. S.130

Luftverschmutzung und überhöhtes Verkehrsaufkommen die Lebensqualität der Städte negativ beeinflussen. Verbunden mit einem ökologischen Baustil ist neben energiesparenden Baumaßnahmen die Verwendung von wiederverwertbarem Baumaterial von Bedeutung. Ressourcenschonend Bauen heißt auch, alte Bausubstanz nicht einfach abzureißen, sondern sie zu erneuern bzw. zu sanieren. Dieses Prinzip wurde bei den Umbauarbeiten in den alten Arbeitersiedlungen angewendet. Auch finanzielle Gründe spielen hier eine Rolle, da Umbau tendenziell wirtschaftlicher ist als der Neubau. Aspekte des Denkmalschutzes und die Erhaltung von Gründerzeitvierteln und Arbeitersiedlungen spielen in der Stadtplanung des Ruhrgebiets eine zusätzliche Rolle. Darüber hinaus muss den sozialen Veränderungen - mehr Singlehaushalte, mehr Alleinerziehende, mehr alte Menschen – Rechnung getragen werden und ausreichende Wohnformen geschaffen werden, die für die entsprechenden Bevölkerungsschichten bezahlbar sind. Ebenso ist es wichtig, den wachsenden Flächenverbrauch zu reduzieren, um Frei- und Grünflächen zu sichern, einer weiteren Zersiedelung des Raumes und einer städtebaulichen Verdichtung entgegen zu wirken. Des Weiteren sollen neue Wohnungen möglichst in Anbindung an den öffentlichen Personennahverkehr gebaut werden, um den Gebrauch des Autos weitgehend zu verhindern. Demnach spielt der Ausbau des ÖPNV eine bedeutende Rolle in der Stadtentwicklungspolitik, insbesondere in NRW, das über das dichteste Autobahnnetz in Europa verfügt und darüber hinaus von mehreren größeren Flüssen und Kanälen und einem dichten Eisenbahnnetz durchzogen wird.[13]

Insgesamt soll also versucht werden, eine Revitalisierung der Städte zu erreichen. Das hört sich nach einem attraktiven städtischen Erscheinungsbild an - welches ja, wie oben dargestellt, nicht gerade neu ist - , aber die tiefgreifenden sozioökonomischen Veränderungen machen eine Realisierung dieses Leitbildes nicht einfach. Im Gegenteil: Um das Leitbild möglichst erfolgreich umzusetzen bedarf es einer fortwährenden Überprüfung der sozialen und wirtschaftlichen Umstände und Problembereiche. Ein Einfamilienhaus kann eine wunderbare ökologische Substanz haben, ist jedoch der Vater – ehemaliger Bergarbeiter – arbeitslos, der Sohn längst nach Berlin gezogen, weil ihm die Luft im Pott zu verschmutzt war und die Mutter deprimiert, weil ihre Eltern keinen Platz im Altenheim bekommen, dann sind grundlegende Probleme auf der Strecke geblieben.

Die letzte nicht wissenschaftlich fundierte Bemerkung soll verdeutlichen, dass man bei einer Stadtplanung auf ökologisch orientierter Basis nie vergessen darf, auch soziale und gesellschaftliche Aspekte mit einzubeziehen. Die Revitalisierung der Städte kann nur erfolgreich sein, wenn neben dem optisch verbesserten Erscheinungsbild auch ein gewisses Maß an Vitalität die städtische Atmosphäre bestimmt. Eine der Gesellschaft entsprechenden Synthese zwischen den Bauwerken, den Menschen, der materiellen, institutionellen und personellen Infrastruktur und der Natur und Kultur ist wünschenswert und erstrebenswert und sollte das Leitbild einer jeden Stadtplanung sein.

---

[13] *Vesper*, Michael: Ökologischer Wohnungsbau für die urbane Stadt. In: Pesch, Franz/ Roters, Wolfgang (Hrsg.): Die Stadt der Zukunft. Dokumentation des 5. internationalen Kongresses für Altstadt und Baukultur. Ministerium für Stadtentwicklung, Kultur und Sport des Landes Nordrhein-Westfalen. Düsseldorf/ Herdecke, 1996. S.25ff.

3.3. Exkurs: „Neue Einkaufszentren im Ruhrgebiet"[14]

Eine wichtige Entwicklung im Sinne einer Erweiterung der citynahen Einkaufsmöglichkeiten und einer neuen Dienstleistungsfunktion ist die Eröffnung von zahlreichen großen Shopping-Centern im Ruhrgebiet. Das erste Einkaufszentrum wurde im Jahr 1964 in Bochum am Ruhrschnellweg (B1, heute A430) eröffnet. Hinsichtlich seines Standortes ist es als Regionalzentrum zu bezeichnen. Im Jahr 1968 entstand das zweite Einkaufszentrum im Südwesten von Hamm, das Lippe-Einkaufs-Zentrum (LEZ). Ab dem Jahre 1971 ist ein „Boom" von Shopping-Center-Neugründungen zu verzeichnen, der nicht nur im Ruhrgebiet, sondern im gesamten Bundesgebiet erfolgte. Heineberg spricht von einer Diffusionsphase neuer Einkaufszentren. In dieser Phase entstanden das BERO-Center in Oberhausen (Oktober 1971), das Westfalen-Einkaufszentrum (WEZ) in Dortmund - beide hinsichtlich ihres Standortes als cityergänzende Innenstadtrand-Einkaufszentren -, das Rhein-Ruhr-Zentrum (RRZ) in Mühlheim-Heißen als zwischenstädtisches Regionalzentrum, das Uni-Center in Bochum-Querenburg (1973), das Einkaufszentrum Altenessen als stadtteilintegriertes Einkaufszentrum, das City-Center in Herne (1973) als cityintegriertes Einkaufszentrum, das City-Center in Mülheim an der Ruhr (1974), das Lörhof-Center in Recklinghausen (1975) und das City-Center in Bergkamen (1974). Die Einkaufszentren unterscheiden sich hinsichtlich ihrer Bauweise, ihrer Funktionsfläche, ihrer Verkehrs- bzw. Standortlage und ihrer Größe voneinander. Nach 1975 folgte eine Phase, die Heineberg als Stillstandsphase bezeichnet. Sie ist für das gesamte Westdeutschland charakteristisch. Seit 1979 setzte dann eine weitere Phase der Verbreitung von Shopping-Centern ein. Bei den in dieser Phase errichteten Einkaufszentren handelt es sich um sogenannte „cityintegrierte Einkaufszentren."[15] Beispiele sind das City-Center in Essen (1979), das City-Center in Gladbeck (1980), das Hansa-Zentrum in Bottrop (1981), das Lippetor-Einkaufszentrum in Dorsten (1982), das Rathaus-Center in Bochum (1982), das Bahnhofs-Center in Gelsenkirchen (1983), das Averdunk-Centrum in Duisburg (1984) und die „Drehscheibe" in Bochum (1984). Alle Zentren, die in dieser Phase entstanden sind, sind im Vergleich zu den früheren Zentren in die City integriert und entstanden mit dem hintergründigen Ziel der Cityaufwertung. Besonderes Merkmal ist die ansprechende architektonische Gestaltung.
Die Konsumenten sind trotz der guten Verbindungen an den öffentlichen Personennahverkehr nahezu ausschließlich PKW-Kunden. Gerade in den 60er Jahren war die steigende Mobilität durch eine zunehmende Zahl von Autobesitzern ein wichtiger Faktor für die Akzeptanz der Bevölkerung gegenüber den neuen Einkaufszentren. Die steigende Zahl der Konsumenten in den Zentren führte zum kontinuierlichen Ausbau der Gebäudekomplexe. Allerdings war dies gerade bei den cityintegrierten Gebäudekomplexen oft schwierig, da frei verfügbare Fläche innerhalb der Stadt relativ gering war und die Planungsvorschriften der Baunutzungsverordnung vom 15.9.1977 die Möglichkeiten zur räumlichen Ausdehnung stark einschränkten. Die Tatsache, dass innerhalb der Zentren nur ein sehr kleiner Teil der verfügbaren Nutzungsfläche leer steht, kann ebenfalls als Indiz für die Akzeptanz seitens der Bevölkerung gewertet werden. Würde sich der Standort für die Betreiber nicht lohnen, würden sie sich schließlich nicht in den Zentren ansiedeln. Vermutlich trägt auch die hohe Vielfalt an Branchen zu höheren Besucher- bzw. Konsumentenzahlen bei. Die räumliche Verfügbarkeit und Konzentration des Warenangebots stellt für viele Besucher ein wichtiges Motiv zum Besuch dar. Dieser Aspekt ist aus soziologischer Sicht auf das gestiegene Bedürfnis nach einem optimalen Zeitmanagement zurückzuführen. Ein steigender Mobilisierungsgrad, veränderte Arbeitszeiten und sich wandelnde Freizeitbedürfnisse

---

[14] *Heineberg*, Heinz/ Mayr, Alois: Neue Einkaufszentren im Ruhrgebiet. Vergleichende Analysen der Planung, Ausstattung und Inanspruchnahme der 21 größten Shopping – Center. Ferdinant Schöningh. Paderborn, 1986.

[15] Ebd. S.28

bedingen sich hier gegenseitig. So ergab eine Kundenbefragung zum Herkunftsort im Ruhrpark-Einkaufszentrum Bochum, dass über 50% der Kunden aus Bochum selbst kamen. Die übrigen Kunden kamen nahezu ausschließlich aus dem nahgelegenen Umland der Stadt. Die Anfahrtsdauer mit dem PKW überschritt in den seltensten Fällen die 30-Minuten-Grenze. Im Großen und Ganzen sind sowohl die Besuchsmotive als auch die üblichen beschriebenen Merkmale auf die anderen Einkaufszentren des Ruhrgebietes übertragbar.

Der gesamte Anteil der Shopping-Center, die hinsichtlich ihres Standortes als städtebaulich- und cityintegriert bezeichnet werden können, erfolgte seit den 70er Jahren, wie oben kurz angedeutet, im Rahmen der „Bemühungen der Kommunen um funktionale Aufwertung ihrer zentralen Geschäftsbereiche."[16] Hinzu kam, dass insgesamt versucht wurde, das Wohnumfeld zu verbessern und das Abwandern besonders der Einzelhandelsbereiche in periphere Bereiche – z. B. aufgrund günstigerer Bodenpreise – zu verhindern. Auch die Entwicklung von Siedlungsschwerpunkten trug zur Errichtung der Einkaufszentren bei. Viele Zentren besitzen integrierte Wohnfunktionen und entsprechen somit den in den 70er Jahren vorherrschenden städtebaulichen Zielvorstellungen einer Kombination und Verdichtung von städtischen Funktionen, hier also die Funktionen Wohnen und die Deckung des Versorgungsangebots. Andere Aspekte, wie z. B. der Ausbau des Verkehrsnetzes und eine langfristig angelegte Phase der Sanierung- und Umgestaltung – auch als Restrukturierung bezeichnete Phase – spielten ebenfalls einen wichtigen Hintergrund während der Diffusionsphase der Shopping-Center. Im letzten Teil dieser Arbeit wird es noch um die Identifikation der Bevölkerung mit ihrer Region gehen. Hinsichtlich dieses Aspektes bemerkt Heineberg im Rahmen seiner Studie zu Einkaufszentren an: „Wichtig ist weiterhin, dass vielen der größeren neuen Einkaufszentren des Ruhrgebiets neben ihrer stark vorherrschenden kommerziellen Funktion auch eine beträchtliche sozialkommunikative Bedeutung zukommt. Dies gilt insbesondere für diejenigen Gemeinden oder Stadtteile, in denen nach den übergeordneten Planungszielen neue Shopping-Center auch erheblich zur Identifikation der Bevölkerung im Einzugsgebiet beitragen sollten, wie im Falle der neuen Stadtmitte Marl und Bergkamen sowie der Stadtteilzentren in Bochum-Querenburg und Essen-Altenessen."[17]

---

[16] *Heineberg*, Heinz/ Mayr, Alois: Neue Einkaufszentren im Ruhrgebiet. Vergleichende Analysen der Planung, Ausstattung und Inanspruchnahme der 21 größten Shopping – Center. Ferdinant Schöningh. Paderborn, 1986. S.189

[17] Ebd. S. 216

IV. Das Projekt IBA Emscher Park – Verknüpfung von Industrie, Siedlung, Kultur und Natur

4.1. Leitideen, Akteure und erste Bilanz der IBA Emscher Park

Mit der Internationalen Bauausstellung Emscher Park wurde im Jahr 1988 eine grundlegende Trendwende im Prozess des Strukturwandels eingeleitet. Mit gezielten Planungen für ausgewählte Projekte sollte in einem Zeitraum von zehn Jahren versucht werden, Stadtplanung, Ökologie und sinnbildende Kulturstiftung miteinander zu vereinen, um so das Image des Ruhrgebiets und die Lebensqualität innerhalb der Region grundlegend zu verbessern. An diesem Projekt waren insgesamt 17 Kommunen beteiligt, in welchen fast 120 Projekte realisiert worden sind.[18]

Die IBA Emscher Park stellte nicht nur eine kurzfristig geplante Idee dar, sondern steht stellvertretend für einen politischen Wandel und eine neue, nachhaltig orientierte Zielsetzung des Landes Nordrhein-Westfalen.

Auf der Basis einer Verbesserung der ökologischen Bedingungen in der Region sollten bessere Standortvoraussetzungen für eine vielseitige Unternehmensstruktur geschaffen werden. Entscheidendes Merkmal für die Planungen der IBA war die Miteinbeziehung von diversen Verbänden, z. B. Umweltschutzverbänden und Gesundheitsbehörden, als auch von lokal angesiedelten privaten Unternehmen und Bürgervereinigungen. Besonders die Interessen der Bürger erschienen hinsichtlich einer gewünschten Akzeptanz und Identifizierung von besonderer Bedeutung. Gerade bei den siedlungsstrukturellen Umwandlungen ist das Zusammenspiel der Planung ‚von oben' und der „Partizipation ‚von unten'"[19] relevant.

Bestimmten Herausforderungen ist die IBA aber trotz der positiven Ansätze nicht gerecht geworden. So ist die Bürgerbeteiligung längst nicht so hoch gewesen, wie es zu Beginn den Anschein hätte erwecken können. Zudem sind trotz regional ausgerichteten Projekten eine Vielzahl an Großprojekten von den einzelnen Städten realisiert worden, z. B. das CentrO in Oberhausen, was wiederum die zwischenstädtische Konkurrenzhaltung verstärkt und die kommunale Zusammenarbeit zurück geworfen hat. Hinzu kommt, dass wirklich konfliktreiche Aspekte, wie z. B. die Müllbeseitigung und die Regelung der zunehmenden Verkehrsprobleme, gar nicht erst im Projektkatalog aufgeführt worden sind und so immer noch ungelöst im Raum stehen.

Problematisch ist auch, dass die IBA an den internen Strukturen und Steuerungsmechanismen nichts geändert hat. Zwar hat sie schon zu Beginn ihrer Arbeit als Grundsatz formuliert, eben diese Strukturen nicht zu verändern. Allerdings wäre eine solche Veränderung für eine nachhaltige Entwicklung der Region sowohl hinsichtlich der Kooperation zwischen den Kommunen als auch zwischen den Kommunen und dem Land von Bedeutung gewesen.

Die IBA hat es dennoch – um auch die positiven Erfolge nicht unerwähnt zu lassen – in jedem Fall geschafft, die Relevanz der großen Anzahl inhaltlicher Aspekte ins Bewusstsein der Region zu tragen und die „regionalpolitischen Interessen auszuweiten"[20] Sie hat die Bedeutung der Gestaltung von ökologischen und kulturellen Bereichen und die damit verbundene Notwendigkeit weiterer Planungen und Entwicklungsstrategien hervor gehoben und auch der Bevölkerung ermöglicht, sich tiefgreifend mit ihrer Vergangenheit und auch mit den kommenden Modernisierungsaufgaben auseinander zu setzen. Somit kann sie insgesamt

---

[18] *Wood*, Gerald: Projektorientierte Planung im Ruhrgebiet. Die internationale Bauausstellung (IBA) Emscher Park. In: Habrich, Wulf/ Hoppe, Wilfried (Hrsg): Strukturwandel im Ruhrgebiet. Perspektiven und Prozesse. Dortmunder Vertrieb für Bau- und Planungsliteratur. Dortmund, 2001.

[19] Ebd. S.75
[20] Ebd. S.81

als Schritt in die richtige Richtung betrachtet werden, dem noch viele weiter folgen müssen, um die Gesamtsituation des Ruhrgebietes weiter zu verbessern.

4.2. Die Neu- und Umgestaltung von Gartenstädten[21] als Beispiel für neue Wohnkultur

Die siedlungsplanerischen Ziele sind sowohl auf Bundesebene als auch im Ruhrgebiet eine nachhaltige Stadtentwicklung, sprich zukunftsfähige Städte und Siedlungen mit Bestand. Ziele einer nachhaltigen Siedlungserneuerung im Rahmen der IBA Emscher Park sind vor allem die Schaffung autofreier Freiräume, Parks oder Naturlandschaften – entweder als Siedlungsbestandteile oder in der Nähe der Siedlungen und ein ressourcenschonender Baustil, das bedeutet z. B. die Reaktivierung von Brachen und die Vernetzung von Natur und Wohnobjekten. Bei vielen Objekten wurde auch, um energiepolitischen Leitideen zu folgen, Solartechnik verwendet.

In den 90er Jahren entstanden im Rahmen von Neubauprojekten über 2500 Wohnungen. Sie leisten einen besonderen städtebaulichen und architektonischen Beitrag zum Thema ,Siedlungskultur' in der Region und orientieren sich alle an den Prinzipien der Gartenstädte. Von größerer Bedeutung für die Wohnbauprojekte der IBA Emscher Park war aber nicht der Neubau von Wohnraum, sondern die Auseinandersetzung mit den bereits bestehenden gartenähnlichen alten Arbeiter- und Werkssiedlungen. Diese Siedlungen stehen für eine lange Wohn- und Siedlungstradition im Ruhrgebiet und für einen sozialen Wohnungsbau aus der Zeit um die Jahrhundertwende bis in die 20er Jahre. Bei der Umgestaltung und der grundlegenden Sanierung der alten Siedlungen spielte der Zusammenhang von Wohnumfeld und Freiraum eine besondere Rolle.

Auf diese Weise erscheinen die fertig sanierten Gartenstädte des Ruhrgebietes heute oft wie kleine Oasen in der sonst wilden Besiedlung dieses großen städtischen Ballungsraumes. Jede Siedlung ist auf ihre eigene Weise durch architektonische Einheit und viel Grün zwischen den einzelnen Häusern gekennzeichnet. Es handelt sich entweder um Einfamilienhäuser oder auf attraktive und verwinkelte Art und Weise miteinander verbundene Reihenhäuser. Die Beteiligung der Bürger spielte eine wichtige Rolle, um das Ziel der Beibehaltung der gemeinschaftlichen Wohn- und Lebensweisen aus den alten noch aus den Hochzeiten der Industrialisierung bestehenden Traditionen zu fördern. Maßgeblich ist auch die bewusste Instandhaltung des industriekulturellen Wertes solcher Siedlungen. Von den Stadtplanern werden die Gartenstädte als geeignete Alternative zu der unpersönlichen Masse der Mietwohnungen betrachtet. Hinzu kommt, dass die Gartenstädte der Idee, das Ruhrgebiet als eine große grüne Stadt zu gestalten, mehr entsprechen, als eine flächenfüllende städtische Hochhausbebauung.[22]

Die Siedlung Teutoburgia in Herne ist eine zwischen 1909 und 1923 als Werkssiedlung gebaut worden. Insgesamt wurden 457 Wohnungen modernisiert und mehr als 130 Gebäude denkmalgeschützt hergerichtet. Heute zeigt Teutoburgia die hervorragenden Qualitäten einer gartenstädtischen Siedlung aus der Zeit der Jahrhundertwende. Neu hinzu gekommen ist ein

---

[21] Definition ,Gartenstadt' nach *Leser*: 1. durchgrünte und mit der Landwirtschaft verbundene Mittelstadt, in der Einwohner aller sozialer Schichten ohne räumliche Segregation in gesunder Umgebung wohnen und arbeiten. G. wurden als Modell seit 1898 in England propagiert. Sie sollten im Einzugsbereich von Großstädten liegen und deren Überschussbevölkerung sowie andererseits einen Teil der Abwanderung vom Land aufnehmen (doppelte „Pufferfunktion"). (...) 2. Vorort oder Randgemeinde einer größeren Stadt mit stark überwiegender Einfamilienhausbebauung auf relativ großen Gartengrundstücken. G. werden in der Regel von Angehörigen mittlerer und oberer sozialer Schichten bewohnt.

[22] *Ganser*, Karl: Alte und Neue Gartenstädte. In: Höber, Andres/ Ganser, Karl: Industriekultur. Mythos und Moderne im Ruhrgebiet. Klartext. Essen, 1999.

‚Kunstwald'. Die ehemalige Maschinenhalle wird nun durch einen Künstler für Kunst- und Kulturveranstaltungen genutzt. Am Rande der Siedlung hat man zusätzlich noch einige Sozialwohnungen errichtet.

Die Siedlung Fürst Hardenberg in Dortmund wurde Anfang der 20er Jahre ebenfalls als Werkssiedlung gebaut. Sie gehört bis heute zu den bedeutendsten Arbeitersiedlungen in Dortmund. Viele Familien leben hier seit mehreren Generationen. Auf diese Weise ist ein dichtes soziales Netz entstanden, was typisch für die alten Arbeitersiedlungen war. Ziel der 1990 begonnenen Erneuerung ist die langfristige Sicherung der hohen städtebaulichen, architektonischen und sozialen Qualitäten und die Schaffung der Möglichkeit für ein ‚Wohnen im Garten', was bisher aufgrund der engen Bebauung nicht möglich war.

Die Siedlung Schüngelberg in Gelsenkirchen-Buer ist eine der schönsten Gartenstadtsiedlungen des Ruhrgebietes. Hier wurden alte Elemente der Bergarbeitersiedlung denkmalschutzgerecht erneuert. Es erfolgten zahlreiche Wohnumfeldverbesserungen mit netten hauseigenen Gärten und zwei üppig angelegten Parks. Ein attraktives kleines Siedlungszentrum mit Läden und das Zusammenleben von Ausländern und Deutschen fördern die Identifikation der Bevölkerung mit ihrem Wohnumfeld und vermeiden weitgehend soziale Konflikte. Die jüngste Bergarbeitersiedlung Deutschlands ist so zum Vorzeigeobjekt für die Stadtplaner und ihre Idee der Gartenstadt geworden.

Die Neubausiedlung Fürst Hardenberg in Dortmund besteht aus 29 öffentlich geförderten Sozialwohnungen mit autofreiem grünem Anger und reihenhausähnlichen Wohnformen mit kleinem Garten und Holzrahmenbauweise.[23]

4.3. Kulturregion Ruhrgebiet

4.3.1. Kultur: Sinnstifter – Standortfaktor – Wachstumsbranche

In der Diskussion über „Neue Urbanität", die in den letzten Jahren die Überlegungen zur Zukunft der Städte zunehmend beeinflusst hat, werden Perspektiven der Stadtentwicklung verstärkt mit dem Begriff „Kultur" in Verbindung gebracht.

Kultur wird als „weicher Standortfaktor" hinsichtlich der Konkurrenz um Industrieansiedlung, Arbeitsplätze und Einwohner betrachtet. Für die Dienstleistungsunternehmen stellt er oft den ausschlaggebenden Impuls hinsichtlich der Entscheidung für oder gegen eine Ansiedlung in der Region dar. Kultur soll die Aufgabe übernehmen, wirtschaftliche Unternehmen anzuziehen, Konsum-, Freizeit- und Erholungsbedürfnisse und intellektuellen Anspruch zu befriedigen, das soziale Zusammenleben der heterogenen Bevölkerungsstruktur zu fördern und eine Perspektive für ein attraktives, atmosphärisches und städtisches Leben zu schaffen.

Auf diese Weise wird Kultur als strategisches Element in der Standortkonkurrenz der Kommunen, Städte und Regionen entdeckt, da sie zunehmend die Lebensbedingungen am Standort und das Image beeinflusst. Da die Bedeutungszunahme der Kultur gleichzeitig ihr Gewicht als Wirtschaftsfaktor selbst erhöht, spricht man auch von Kulturwirtschaft. Im weiteren Sinne kann der Begriff der Kulturwirtschaft als Kultur- und Medienwirtschaft begriffen werden. Dezentralisierung und Mobilität der Kulturangebote sind notwendige Voraussetzungen für die Schaffung des Bildes von einer gesamten Stadt als Kulturlandschaft.

Dies Kulturlandschaft Ruhrgebiet bietet im Einzelnen folgende Attraktionen:

14 Freizeitparks + Warner Brothers Movie World (Bottrop), Planetarium in Bochum, Sternwarte in Essen, zahlreiche Zoos, Seen, 5 Stadien, 4 Hallen, 26 Sportzentren, darunter das

---

[23] *Beierlorzer*, Henry/ Boll, Joachim: Neue und alte Siedlungen als Erneuerungsimpuls für eine Region. Projekte der IBA Emscher Park. In: Beierlorzer, Henry/ Boll, Joachim/ Ganser, Karl (Hrsg.): Siedlungskultur. Neue und alte Gartenstädte im Ruhrgebiet. Vieweg & Sohn Verlagsgesellschaft mbH. Braunschweig/ Wiesbaden, 1999.

Alpincenter (Bottrop) mit der längsten Indoor-Skipiste der Welt, Pferderennbahnen und Skaterparks, 7 Industrie-, 8 Technik- und 15 Kunstmuseen, 15 Kultur- und stadthistorische Museen, 14 Konzert-, Theater und Opernhäuser, 32 Festivals, 2 riesige Messegelände in Essen und Dortmund, 2 Kongress- und Tagungscenter, ebenfalls in Essen und Dortmund, und natürlich Hotels, Kneipen, Bars, Restaurants, Cafés, Clubs und Diskotheken und Shopping-Center.[24]

Keine Stadt alleine könnte ein so großes Angebot stellen. Es ist die polyzentrische Struktur der Region, die ihren kulturellen Erfolg ausmacht. Der Vertreter dieser Struktur ist der Kommunalverband Ruhrgebiet. Eine gezielte Aufgabenteilung zwischen Kommunen, den Städten, der Region und dem Land ist von größter Bedeutung für eine effektive Gestaltung der Wettbewerbsfähigkeit zu anderen Metropolen oder Großstadtagglomerationen.[25] Das Ruhrgebiet allein kann aber trotz seiner Erfolge nicht mit Weltstadtmetropolen wie London oder Paris konkurrieren, hierfür wäre es sinnvoll, den gesamten Standort Rhein-Ruhr zu focussieren und die einzelnen Teilbereiche intensiv miteinander vernetzt werden

4.3.2. Bedeutung von Industriekultur

Industrie und Bergbau haben seit jeher die Landschaft und die Menschen des Ruhrgebiets geprägt. Durch den Strukturwandel fielen zahlreiche alte Industrieanlagen brach und erschienen nutzlos. Deshalb wurden viele alte Siedlungen, Zechen und Infrastruktureinrichtungen abgerissen, was dazu führte, dass sich Bürgerinitiativen gegen diese Abrissvorgänge einsetzten. 1968 fanden erste Proteste gegen den Abriss alter Maschinenhallen, Fördertürme, Werksflächen und Hüttensiedlungen statt. Sie erreichten ein Umdenken bei den Verantwortlichen und seit den 80er Jahren spielen Denkmalschutz und Industriedenkmalpflege sowohl in der städtebaulichen Entwicklung als auch in der Architektur ein wichtige Rolle. Unter der Leitidee einer ruhrgebietstypischen Industriekultur wurden alte Zechenanlagen, Werkssiedlungen und Fördertürme saniert oder umgenutzt und fanden zunehmende Akzeptanz seitens der Bevölkerung. „Seit den 70er Jahren versteht man" unter Industriekultur „die Gesamtsumme aller spezifisch technischen, wirtschaftlichen, architektonisch/ kulturellen und sozialen Leistungen des Industriezeitalter. Erbracht wurden sie con Generaldirektoren, Lokführern, Siedlungsarchitekten und Bergleuten ebenso wie von unzähligen anderen am Prozess der Industrialisierung beteiligten Menschen."[26] Auf diese Weise entwickelte sich das industriekulturelle Erbe als Anziehungsobjekt für Tourismus und förderte eine Identifizierung der Bevölkerung mit ihrer Umgebung. Erst im Rahmen der IBA wurden die unzähligen Objekte in einer sogenannten Route der Industriekultur zusammengefasst.
Die alten, grauen, dunklen Industrieanlagen wandelten sich auf diese Weise zu einer einmaligen Kulturlandschaft, die Komponenten von Industrie, Natur, Architektur, Stadt und Kultur auf interessante Weise verbindet und eine neue Lebensqualität für die Bevölkerung bieten soll.

---

[24] *Kommunalverband Ruhrgebiet* (Hrsg.): Portal Ruhrgebiet. Europas Mitte macht aus Visionen Wirklichkeit. Klartext. Essen, 2002.

[25] *Willamowski,* Gerd: Mehr Ruhrgebiet – was denn sonst? In: Kommunalverband Ruhrgebiet (Hrsg.): Portal Ruhrgebiet. Europas Mitte macht aus Visionen Wirklichkeit. Klartext. Essen, 2002.

[26] *Föhl,* Axel: Am Fuße der Fördertürme. Industriekultur im Revier. In: Kommunalverband Ruhrgebiet (Hrsg.): Portal Ruhrgebiet. Europas Mitte macht aus Visionen Wirklichkeit. Klartext. Essen, 2002. S.125.

Im folgenden werden zwei Zitate von Sigi Domke, einem Ruhrgebietler, wiedergegeben. Sie drücken unmissverständlich in kritisch und ironischer, aber dennoch freundlicher Ausdrucksweise seine Einstellung zu neuartigen kulturellen Groß-Events und der damit angeblich verbundenen besseren Lebensqualität aus.

„In jedem alten Industriebau is ja heute Kultur drin. Die war da früher auch schon drin, weil, Arbeit hat ja auch wat mit Kultur zu tun, aber heute is da eben mehr so dat Schöngeistige anzutreffen. Und dat is manchmal wirklich toll! Ich selbs wa ma im Landschaftspark Duisburg-Nord und hab da en Salsa-Konzert gesehen, und dat war wirklich ne super Mischung. Die zarten Kubaner da zwischen den Stahlgiganten! Klasse! Aber seitdem war ich nicht noch mal da. Ich denk da gern dran, aber dat dat alte Thyssen-Monster jetzt meine Lebensqualität nachhaltig verbessert, nur weil et bunt angestrahlt wird, kann ich nich behaupten.“

„ Man weiß ja, dat es einfacher is für Spompaks irgendwo zehn Millionen locker zu machen, als für ne sinnvolle Geschichte en Hunni. Also muß geklotzt werden. Nur so kann man ja auch die gewünschten Touristenmassen anlocken. Und vielleicht kommen ja sogar zunehmend mehr int Ruhrgebiet. Ich würd mich freuen. Nur: Et kommen zwar en paar mehr Touristen hier hin, aber et gehen auch immer mehr Leute von hier weg. Die ganzen jungen Leute, die ich kenn, die gehen nach Berlin. (...) Die ziehen dahin, weil Berlin ne lebendige Stadt is, und zwar gerade auch im Kleinen. Da gibt et Stadtviertel, dagegen is ganz Essen en Mausoleum. Unsere ‚Metropole‘ könnte schon noch en paar kleinere Theater vertragen und kleinere Kinos und Galerien und Cafés und Kneipen und Geschäfte...“[27]

Planer und Politiker sollten bei einer solchen Aussage aufhorchen. Es kann nicht ausschließlich darum gehen, mit aufwendig inszenierten Kulturobjekten oder kulturellen Großveranstaltungen das Image des Ruhrgebiets zu verbessern. Vielmehr muss auch Wert gelegt werden auf die Bedürfnisse des Ruhrvolkes, man muss versuchen, auch die ‚kleinen‘ Leute zu erreichen und ihnen ein angenehmes Leben im Ruhrgebiet zu ermöglichen.
Nur so ist eine langfristige Möglichkeit zur Identifizierung mit dem Ruhrgebiet gegeben.

4.3.3. Industriekultur im Rahmen der IBA - Ausgewählte Beispiele für die Umnutzung alter Industriegebäude als neue Kultureinrichtungen

4.3.3.1. Der Duisburger Innenhafen

Der Duisburger Innenhafen liegt im Norden der Altstadt Duisburgs und war bis in die 80er Jahre hinein vom Zerfall bedroht. Mitte der 80er Jahre führten erste Maßnahmen seitens der Stadt zur Umstrukturierung der ehemaligen Speichergebäude – diese stammen noch aus den Zeiten, als der Hafen größter Getreideumschlagplatz in Westeuropa war – zu kulturellen Zentren. Als der Hafen dann in die Planungen der IBA aufgenommen wurde, kristallisierte sich die Idee eines „multifunktionalen Dienstleistungsparks“[28] heraus, die bis zum heutigen Zeitpunkt erfolgreich realisiert worden ist.
Der Duisburger Innenhafen ist ein 89 Hektar großes Areal mitten in der Innenstadt. Man hat erkannt, dass nicht nur die verkehrstechnische Lage die Bedeutung des Hafens sowohl für die Region als auch für Europa ausmacht, sondern dass auch die Hafenatmosphäre wunderbar als

---

[27] *Domke*, Sigi: Ganz woanders. Ruhrgebiet zwischen Halluzinierung und Alltag. In: Kommunalverband Ruhrgebiet (Hrsg.): Portal Ruhrgebiet. Europas Mitte macht aus Visionen Wirklichkeit. Klartext. Essen, 2002.

[28] *Duckwitz*, Gert/ Hommel, Manfred: Vor Ort im Ruhrgebiet. Ein geographischer Führer. Kommunalverband Ruhrgebiet. Verlag Peter Pomp. Essen, 2002. S.254

Standort für Freizeit und Erholung sowohl für die 510.000 Menschen, die in der Stadt leben als auch für andere Bevölkerungsteile aus der Region und aus dem nah gelegenen Umland. Längst haben sich hier neue Dienstleistungsunternehmen und Künstler angesiedelt, die einen Teil der Zukunft der Stadt bilden. Die vorherrschende Stahlindustrie hat ausgedient. Der Architekt Sir Norman Foster entwarf den Masterplan für den Duisburger Innenhafen, der die maritime Hafenatmosphäre betont. Eindrucksvollstes Element ist die für fast 30 Millionen DM umgebaute Küppersmühle, in der Hans Grothe deutsche Kunst ausstellt. Weitere Highlights sind der ‚Garten der Erinnerung', den Dani Karavans konstruiert hat, die ‚Marina Duisburg' als Standort für den Bootstourismus, die ‚Buckelbrücke' am Nordufer des Innenhafens, die als Zeichen des Übergangs gilt und schließlich der Landschaftspark Duisburg-Nord, der für Konzerte und Theateraufführungen genutzt wird. Grandiose Lichteffekte inszenieren auf wunderbare Weise die alten Stahlanlagen und setzen auf diese Weise historische Substanz effektvoll in Szene.[29]

4.3.3.2. Der Landschaftspark Duisburg-Nord

Der Landschaftspark Duisburg-Nord entstand nach der Stillegung der Thyssen AG (1985). Er ist eine gelungene Mischung aus Natur und Kultur. Erstere bringt sogar exotische Tier- und Pflanzenarten hervor, die teilweise durch frühere Erzimporte aus Afrika in das Ruhrgebiet gelangten. Besonders beeindruckend im Landschaftspark Duisburg-Nord ist die Lichtinszenierung des englischen Künstlers Jonathan Park. Blaues, grünes und rotes Licht lassen die alte Industriearchitektur noch kilometerweit erkennen. Kinder können sich an Kletterspielplätzen innerhalb der Industriegebäude erfreuen, Jugendlichen werden Möglichkeiten für aktuelle Trendsportarten, wie z. B. Freeclimbing und Skaten geboten. Und natürlich ist auch für die Unterhaltung der Erwachsenen in Form von Konzerten und diversen Aufführungen gesorgt. Kurz: eine Erlebniswelt für Jung und Alt. Der Ingenhammshof, während der Jahrhundertwende noch Lebensmittellieferant für die Thyssen-AG, heute die ökologische Komponente des Landschaftsparks. Seit 1995 kann hier von Schulklassen, Kindergärten oder anderen Gruppen die typische Arbeit auf einem Bauernhof beobachtet werden.[30] Es darf auch selbst Hand angelegt werden. Diese vielseitige Verknüpfung von Industriegeschichte, Ökologie, Erholung, Freizeitgestaltung und Kultur macht die hohe Attraktivität des Parks aus und bringt ihm überregionale Anerkennung. „Nutzungsarten wie diese erschließen dem Besucher vorher verschlossene Welten und konfrontieren ihn in ihrer unveränderten Authentizität mit dem Zyklopencharakter der Schwerindustrie."[31]

4.3.3.3. Kultur in der Stadt Oberhausen

Im Jahre 1987 war der **Gasometer** noch eine alte Ruine aus industriellen Zeiten. Doch bereits ein Jahr später erstrahlte er in neuem Glanz. Schlicht gestaltet, aber dennoch durch sein bläuliches Licht von außen eindrucksvoll. Im Inneren findet eine bedeutende Ausstellung nach der anderen statt. Hinzu kommen Aufführungen von zahlreichen Theaterstücken.

---

[29] *Kommunalverband Ruhrgebiet* (Hrsg.): Portal Ruhrgebiet. Europas Mitte macht aus Visionen Wirklichkeit. Klartext. Essen, 2002. S.24ff.

[30] *Duckwitz*, Gert/ Hommel, Manfred: Vor Ort im Ruhrgebiet. Ein geographischer Führer. Kommunalverband Ruhrgebiet. Verlag Peter Pomp. Essen, 2002. S.108ff.

[31] *Föhl*, Axel: Am Fuße der Fördertürme. Industriekultur im Revier. In: Kommunalverband Ruhrgebiet (Hrsg.): Portal Ruhrgebiet. Europas Mitte macht aus Visionen Wirklichkeit. Klartext. Essen, 2002. S.126

Spätestens seit der Ruhr-Triennale im Jahr 1994 hat er europaweite Anerkennung gefunden, was nicht nur zusätzliche Besucher aus dem überregionalen Raum anzieht, sondern auch das Angebot nahezu elitär gemacht hat.

In direkter Nähe befindet sich das **CentrO** Oberhausen, eine der großen Shopping-Malls nach amerikanischem Vorbild. Viel Glas und reichlich Pflanzen tragen zu einer angenehmen inneren Atmosphäre bei. Diverse Einzelhandelsgeschäfte aber auch einige Großhandelsketten reihen sich in dem großen Komplex. Das CentrO ist zwar kein kulturelles Objekt an sich, zieht aber viele Touristen an und steht stellvertretend für den Fortschritt der Stadt.

Das neueste geplante Großprojekt ist die sogenannte ‚**O.vision**‘, direkt neben dem CentrO. Auf einer insgesamt 60 Hektar großen Fläche sollen Themenpavillons und Dauerausstellungsräume für bestimmte wissenschaftliche Forschungsfelder wie z. B. Mikrowelten, Virtualität, Kommunikation oder für den Komplex Arbeit, Freizeit und Wohnen geschaffen werden. In Zusammenhang mit diesem Konzept spielt aber auch die Gestaltung der nahen Umgebung eine wichtige Rolle. Verkehrsanbindungen, Grünanlagen und neue, moderne Formen des Wohnens sind Mitbestandteil des Großprojektes. Das Projekt verdeutlicht die Vision einer Ruhrstadt und. fordert Zustimmung von allen Seiten und überkommunale Zusammenarbeit. Diesem futuristisch angehauchten Projekt steht eine Vielzahl an ‚normalen‘ Attraktionen gegenüber, wie z. B. das **Rheinische Industriemuseum Oberhausen**, das 150 Jahre Eisen- und Stahlgeschichte dokumentiert, das **Oberhausener Theater**, das viermal in Folge zum besten Schauspielhaus im Rheinland nominiert wurde oder die besonders Jugendliche anziehende **Katholische Kirche**, in der neben Tanzensembles- und Konzerten bereits einige heftige Disco-Events statt gefunden haben. Man stelle sich einen alten sakralen Kirchenbau vor, der erschüttert wird von den Technoklängen der 90er Jahre, auf die partyfanatische Jugendliche tanzen, und dessen Innenbau durch eine gigantischen Lichtshow in futuristischem Glanz erstrahlt.[32]

4.3.3.4. Die Zeche Zollverein in Essen

In der industriellen Zeit des Ruhrgebiets wies die Zeche mitunter die höchste Produktivität auf. Erst im Jahr 1993 wurde sie still gelegt und sechs Jahr später konnte sie im Rahmen der Ausstellung „Sonne, Mond und Sterne" besichtigt werden. Die gesamten Schachtanlagen der Zeche sind erhalten geblieben. Viele Künstler und Designer haben heute ihre Ateliers in den zahlreichen Gebäudekomplexen der Zeche. Zwischen den Komplexen wird ein Wald gepflegt. Auf diese Weise verdeutlicht die Zeche beispielhaft das Zusammenführen von Industriekultur und Natur.[33] Die Essener Zeche Zollverein ist von der UNO in die Liste des Weltkulturerbes aufgenommen worden.

„Die IBA hob ins Bewusstsein, dass buchstäblich nirgends auf der Welt ein so perfektes technisch-architektonisches Gebilde wie der Zentralschacht XII der Zeche Zollverein entstanden war, dass man in Europa lange suchen muss, um auf neugotische, backsteinerne Malakowtürme oder ein ganzes Hüttenwerk zu stoßen, das noch heute dem Besucher an drei Hochöfen mit allem Drum und Dran zeigen kann, wie um 1900 Roheisen entstand." [34]

---

[32] *Kommunalverband Ruhrgebiet* (Hrsg.): Portal Ruhrgebiet. Europas Mitte macht aus Visionen Wirklichkeit. Klartext. Essen, 2002. S.66ff.

[33] *Duckwitz*, Gert/ Hommel, Manfred: Vor Ort im Ruhrgebiet. Ein geographischer Führer. Kommunalverband Ruhrgebiet. Verlag Peter Pomp. Essen, 2002.

[34] *Föhl*, Axel: Am Fuße der Fördertürme. Industriekultur im Revier. In: Kommunalverband Ruhrgebiet (Hrsg.): Portal Ruhrgebiet. Europas Mitte macht aus Visionen Wirklichkeit. Klartext. Essen, 2002. S.126

V. Region Ruhrgebiet? – Gibt es eine regionsspezifische Identität?

Im folgenden Teil der Arbeit soll der Aspekt der regionalen Identität in der Region Ruhrgebiet genauer unter die Lupe genommen werden. Hierzu erscheint es zunächst sinnvoll, den Begriff der Region näher zu erläutern und heraus zu finden, ob das Ruhrgebiet überhaupt als eine eigenständige Region betrachtet werden kann. Diese Frage stellt Blotevogel im ersten Beitrag einer Aufsatzsammlung. Der folgende Teil basiert daher auf seinen Überlegungen.[35]
Zuallererst ist festzustellen, dass das Ruhrgebiet naturgeographisch keine räumliche Einheit bildet. Die niederrheinische Terrassenlandschaft im Westen, das Münsterland im Norden, das Rheinische Schiefergebirge im Osten und die im Süden räumlich und verkehrstechnisch direkt anschließenden Städte Köln und Bonn unterscheiden sich sowohl klimatisch, als auch von den natürlichen Bodenbeschaffenheiten. Dies ist jedoch nun nicht weiter zu erörtern.
Interessanter ist ein Blick in die Geschichte. Seit 1946 besteht das Land Nordrhein-Westfalen aus den beiden Landschaftsverbänden Rheinland und Westfalen-Lippe. Diese sind unterteilt in fünf Regierungsbezirke, nämlich den Regierungsbezirk Detmold im Nordosten, Münster in Nordwesten, daran südlich anschließend Düsseldorf und Arnsberg und ganz im Süden Köln. Das Ruhrgebiet umfasst die Regierungsbezirke Düsseldorf, Münster und Arnsberg.[36] Diese sind wiederum aufgeteilt in vier Landkreise, nämlich den Kreis Recklinghausen, Wesel, Unna und den Ennepe-Ruhr-Kreis sowie in elf kreisfreie Städte. Sie bilden eine Städtelandschaft aus 53 eigenständigen politischen Gemeinden. Hinzu kommt, dass bereits vor dem zweiten Weltkrieg viele Städte und Gemeinden eingemeindet wurden und die elf kreisfreien Städte erst nach der kommunalen Gebietsreform im Jahr 1975 in ihrer heutigen Form bestehen. Als räumliche Abgrenzung des Ruhrgebiets werden gemeinhin die Grenzen des 1979 gegründeten Kommunalverbandes Ruhrgebiet (KVR) – von 1920 bis 1975 hieß er Siedlungsverband Ruhrkohlenbezirk – verwendet. Durch zunehmende Verstädterung und Zersiedelung sind die Grenzen jedoch ins nahgelegene Umland ausdehnbar.
Das Ruhrgebiet ist also weder politisch, verwaltungstechnisch noch naturgeographisch eine einheitliche Region. Hartmut Leser definiert ‚Region' jedoch auch als eine „im weitesten Sinne (...) geographisch-räumliche Einheit mittlerer Größe, die sich funktional oder auch strukturell nach außen abgrenzen lässt (sozioökonomischer Verflechtungsraum)."[37] Auch wenn nun über eine eindeutige Antwort kontrovers diskutiert werden könnte, soll im Hinblick auf die in Punkt 2.1 und 2.2 erläuterte relativ homogene wirtschaftliche und gesellschaftliche Entwicklung, die definitiv Merkmal eines sozioökonomischen Verflechtungsraumes ist, das Ruhrgebiet nun als eine im weitesten Sinne zu verstehende Region begriffen werden.
Eine Identitätsbildung aufgrund verwaltungsrechtlicher Grenzen ist aufgrund der oben dargestellten historischen Entwicklungen auszuschließen. Vielmehr muss die Suche nach einer regionalen Identität auf die zusammenhängenden Gebiete der Montanregion bzw. der Bergbauregion, also auf strukturelle Bedingungen beschränkt werden. Besonders die Vorstellung, dass Regionen ein „Aspekt der menschlichen Wirklichkeitskonstruktion"[38] sind,

---

[35] *Blotevogel*, Hans Heinrich: Ist das Ruhrgebiet eine Region? In: Heienbrok, Klaus/ Jablonowski, Harry W. (Hrsg.): Blick zurück nach vorn! Standpunkte, Analysen, Konzepte zur Zukunftsgestaltung des Ruhrgebiets. SWI-Verlag. Bochum, 2000.

[36] *Claussen*, Wiebke: Raum- und siedlungsstrukturelle Entwicklung im Ruhrgebiet. Institut für Raumplanung. Dortmund, 1993.

[37] *Leser*, Hartmut: Wörterbuch Allgemeine Geographie. Deutscher Taschenbuch Verlag. Münschen, 2001. S.690

[38] *Blotevogel*, Hans Heinrich: Ist das Ruhrgebiet eine Region? In: Heienbrok, Klaus/ Jablonowski, Harry W. (Hrsg.): Blick zurück nach vorn! Standpunkte, Analysen, Konzepte zur Zukunftsgestaltung des Ruhrgebiets. SWI-Verlag. Bochum, 2000. S.24

führt zu der Annahme, dass gerade die früheren Bergarbeiter ein Gefühl der regionalen Identität aufgrund ihrer mehr oder weniger gleichen Lebensumstände entwickelten. Man kann hier durchaus von einem Bergarbeitervolk oder - wie Wilhelm Brepohl - von einem „Ruhrvolk"[39] sprechen.

Diese naheliegende Vermutung darf jedoch nicht darüber hinweg täuschen, dass dieses Volk sich aus vielen verschiedenen Bevölkerungsteilen zusammen setzt. Allein die hohe Zahl der Zuwanderer zu Beginn der Industrialisierung aus Preußen und Polen trug zu einer vielfältig zusammengesetzten Bevölkerung bei. Der Großteil der Bevölkerung ist der Arbeiterschicht zuzurechnen. Die Zuwanderer waren weitgehend integriert und bildeten keine abgesonderten ethnischen Minderheiten o.ä., wie es heute oft der Fall ist. „Die gemeinsamen arbeitsweltlichen Erfahrungen unter Tage und im Hüttenwerk boten ebenso Ansatzpunkte für die Ausbildung sozialkultureller Gemeinsamkeiten wie gemeinsame historische Erfahrungen von Streiks, französischer Besetzung und Ruhrkampf."[40]

In diesem Zusammenhang ist auch die in den 20er Jahren einsetzende Diskussion um einen gebietstypischen übergreifenden Begriff für die Region zu sehen. Der Begriff ‚Ruhrgebiet' ist seit 1924 nicht mehr nur auf die Bedeutung des Flusses Ruhr zurückzuführen, sondern meint erstmals den gesamten Wirtschafts- und Siedlungsbezirk im heutigen Sinne. In den 30er Jahren war auch ein deutliches nationalpolitisches Interesse mit einer regionalen Identitätsbildung im Ruhrgebiet verbunden. Trotz einer heterogenen und ideologisch vielseitig orientierten Bevölkerung sollte diese die treue deutsche Arbeiterschaft repräsentieren und als „organische Ganzheit von Land und Mensch (...) zu einer neuen regionalen Einheit führen und der Bevölkerung eine Heimat im national-konservativen Verständnis des geistigen Wurzelgefühls bieten." [41]

Nach dem zweiten Weltkrieg ging dieser identitätsfördernde Zusammenhalt in den Arbeiterschichten jedoch weitgehend verloren. Gründe hierfür sind in erster Linie tiefgreifende, unterschiedliche Zielsetzungen zwischen Wiederaufbau der alten Strukturen einerseits und zunehmenden Modernisierungstendenzen andererseits. Hinzu kamen grundlegende durch den Krieg hervorgerufene Unterschiede in den Lebensverhältnissen der Bevölkerung. Dennoch entwickelte sich eine regionale Identität im Ruhrgebiet weiter, wenn sie auch nicht mehr der Art von Identität glich, die in der Vorkriegszeit herrschte. Bedeutend für diese Weiterentwicklung waren in der Nachkriegszeit vor allem der Siedlungsverband Ruhrkohlenbezirk, die Westdeutsche Allgemeine Zeitung und neu gegründete Organisationen wie der „Initiativkreis Ruhrgebiet" und der Verein „Pro Ruhrgebiet". Besondere Bedeutung zur Förderung eines regionalen Identitätsbewusstseins haben zweifellos die regionalen Tageszeitungen, von denen die WAZ die bedeutendste ist, da sie sich bewusst selbst als „Sprachrohr der Region versteht."[42] Nicht nur sportliche Ereignisse, sondern auch über die Jahre hinweg zunehmend öfters wirtschaftliche, politische und kulturelle Ereignisse werden als regionstypische Probleme oder Themen forciert und fördern so den regionalen Bezug der Leserschaft zu ihrer Region. Allerdings ist empirisch schwer erforschbar, inwieweit die Zielsetzung eines Mediums wie der Zeitung tatsächlich die regionale Identifizierung der Bevölkerung mit ihrer Region verstärkt, da die Wirkung auf den Leser selbst kaum feststellbar ist. Insgesamt haben qualitativ angelegte Studien jedoch ergeben, dass das Gefühl der Identität sowohl vom sozialen Status als auch von der Wohnlage abhängig ist. Die traditionelle Arbeiterschaft identifiziert sich in stärkerem Maße mit dem Ruhrgebiet als die

---

[39] *Blotevogel*, Hans Heinrich: Ist das Ruhrgebiet eine Region? In: Heienbrok, Klaus/ Jablonowski, Harry W. (Hrsg.): Blick zurück nach vorn! Standpunkte, Analysen, Konzepte zur Zukunftsgestaltung des Ruhrgebiets. SWI-Verlag. Bochum, 2000. S.20

[40] Ebd. S.28
[41] Ebd. S.31
[42] Ebd. S.33

sozial besser gestellten Bevölkerungsschichten, auch wenn sie in den Randgemeinden des Ruhrgebietes leben. Die Bevölkerung der sozial besser gestellten Schichten hingegen identifiziert sich in geringerem Maße mit der Region, selbst wenn sie in den Kernstädten wohnt.

Viele Menschen des Ruhrgebiets identifizieren sich in starkem Maß mit ihrer Wohngegend. Das gilt vor allem für die in den Vororten lebenden Menschen. Oft wohnen hier Generationen in ein und derselben Straße oder sogar im selben Haus. Die ausgeprägten Nachbarschaftsbeziehungen verstärken das Heimatgefühl.[43] Der Stadtteil ist Heimat, Lebensraum, Arbeitsplatz und Treffpunkt des sozialen Lebens.

Zusammenfassend kann festgehalten werden, dass eine präzise Aussage über eine vorhandene bzw. nicht vorhandene Identität im Ruhrgebiet schwierig ist, da regionale Verflechtungen, historisch bedingte unterschiedliche Prägungen der Bevölkerung und eine kaum zu definierende Abgrenzung des Ruhrgebiets als spezifischer Raum nur auf mögliche Konstrukte einer Identitätsbildung schließen lassen. Die folgenden Zitate verdeutlichen noch einmal unterschiedliche Auffassungen zu diesem Aspekt. „Der reale Siedlungs- und Wirtschaftsraum Ruhrgebiet und vor allem der Verflechtungsraum Ruhrgebiet sind erheblich größer als der Identitätsraum Ruhrgebiet, der sich im Wesentlichen auf den Kernraum der großen Hellweg- und Emscherzone beschränkt."[44] „Auf der einen Seite sehen mehr als 87% der seit Jahrzehnten im Ruhrgebiet lebenden Menschen die Region als ihre Heimat an, auf der anderen Seite ist die durch die ehemalige Montanindustrie geprägte Gemeinsamkeit nicht mehr vorhanden."[45]

Bis hierhin konzentrierte sich die Analyse über eine Zugehörigkeitsgefühl in der Region Ruhrgebiet nahezu ausschließlich auf die Bevölkerung. Es soll dennoch kurz erwähnt werden, dass sich auch auf politischer Ebene erhebliche Unterschiede hinsichtlich einer klaren Aussage zur Zugehörigkeit auftun. Sowohl die politischen Parteien als auch die Kommunen und Städte sind sich uneinig über mögliche Veränderungen hinsichtlich der Verwaltung und der regionalen Gliederung der Region. Die Konkurrenz unter den Städten und Kommunen trägt zur Angst vor Funktions- bzw. Einflussverlusten bei und erschwert die gegenwärtige Diskussion über die Errichtung von fünf regionalen Dienstleistungszentren. Diese sollen anders strukturiert werden als die bisherigen Regierungsbezirke, nämlich kleinere Bevölkerungseinheiten umfassen, regional deutlicher abgrenzbar sein und an bestehende regionale Identitäten anknüpfen und diese nicht durch politische Willkür – wie es bisher teilweise der Fall war – übergehen. „In einem wettbewerbsfähigen Ruhrgebiet gehören starke Städte und ein schlagkräftige regionale Ebene untrennbar zusammen."[46]

---

[43] *Kift*, Roy: Rauchsignal an Oberhäuptling. Wie, bitte, geht's zur Ruhrstadt? In: Kommunalverband Ruhrgebiet (Hrsg.): Portal Ruhrgebiet. Europas Mitte macht aus Visionen Wirklichkeit. Klartext. Essen, 2002.

[44] *Blotevogel*, Hans Heinrich: Ist das Ruhrgebiet eine Region? In: Heienbrok, Klaus/ Jablonowski, Harry W. (Hrsg.): Blick zurück nach vorn! Standpunkte, Analysen, Konzepte zur Zukunftsgestaltung des Ruhrgebiets. SWI-Verlag. Bochum, 2000. S.36.

[45] *Kiessler*, Richard: Zielpunkt Rhein Ruhr. In: Kommunalverband Ruhrgebiet (Hrsg.): Portal Ruhrgebiet. Europas Mitte macht aus Visionen Wirklichkeit. Klartext. Essen, 2002.

[46] *Willamowski*, Gerd: Mehr Ruhrgebiet – was denn sonst? In: Kommunalverband Ruhrgebiet (Hrsg.): Portal Ruhrgebiet. Europas Mitte macht aus Visionen Wirklichkeit. Klartext. Essen, 2002. S.105

VI. Ausblick – welche Zukunft hat das Ruhrgebiet?

Betrachtet man zunächst wieder die *geographische Lage* des Ruhrgebiets, so ist offensichtlich, dass die Region einer der Mittelpunkte Europas ist. Die verkehrstechnische Verbindung zu anderen wichtigen wirtschaftlichen Zentren in Europa, wie z. B. in die Randstad der Niederlande, ist ausgezeichnet. Für viele ausländische Unternehmen stellt die Region zunehmend einen interessanten Standort dar, zumal das Entwicklungspotential enorm ist. Zwar bietet die Region weder an harten noch an weichen Standortfaktoren ein Optimum, aber sehr gute Rahmenbedingungen sind allemal vorhanden.

Sozial gesehen, ist das Ruhrgebiet ein Schmelztiegel der Nationen. Zwar könnte man dies auch für das gesamte Land Nordrhein-Westfalen behaupten, aber im Ruhrgebiet wird es allein schon an der großen Anzahl der ausländischen Restaurants und der typischen ‚Dönerbuden' deutlich. Dadurch ist natürlich auch das soziale Konfliktpotential enorm hoch, aber – wie verschiedene Studien gezeigt haben – nicht deutlich höher als in anderen Ballungsräumen der Bundesrepublik. Es wird erwartet, dass in den kommenden Jahren der Ausländeranteil weiter zunimmt, zum einen durch weitere Zuwanderer, zum anderen durch die hohen Geburtenraten der bereits seit Jahren hier wohnenden ausländischen Bevölkerung.[47] Dies kann als Chance begriffen werden, wenn man an die Probleme hinsichtlich des nicht mehr gewährleisteten Generationenvertrages aufgrund einer sich rasch verändernden Bevölkerungsverteilung mit immer weniger jüngeren Menschen und immer mehr älteren Menschen in der BRD denkt. Von der Politik wird ein wachsender Ausländeranteil aufgrund der bei ihm im Allgemeinen hohen Geburtenraten oft als einzige Lösung gesehen. Aber die Gefahr einer zunehmenden Kriminalität wird steigen, vor allem, weil Ausländer tendenziell noch geringere Aussichten auf einen Arbeitsplatz haben als Deutsche. Die Nichtgewährleistung des Generationenvertrages macht sich in ganz Deutschland in Form einer starken Überalterung der Bevölkerung bemerkbar. Dieses Problem trifft das Ruhrgebiet außerordentlich stark, weil viele jüngere Menschen abwandern, wie bereits in Kapitel III angesprochen, und die älteren Menschen zurück bleiben. Für sie sind Versorgungs- und Pflegeeinrichtungen zu schaffen. Das Ruhrgebiet wird also Strategien und Lösungen finden müssen, um mit dem erheblichen Ausmaß an sozialen Veränderungen umgehen zu können. Die sozialen Aspekte stehen in direkter Verbindung mit der wirtschaftlichen Situation der Region.

Wirtschaftlich betrachtet hat sich im Rahmen des Strukturwandels manches zum Positiven verändert. Die Zahl der Unternehmen in der Dienstleistungsbranche ist enorm gestiegen. Im Ruhrgebiet arbeiten 55% der Beschäftigten im tertiären Sektor, das sind mehr als im gesamten Bundesland. Es fehlen dennoch wichtige Arbeitsplätze in den neuen Wachstumsbranchen und die hierfür notwendigen qualifizierten Arbeitskräfte. Die logische Folgeerscheinung ist eine weiterhin sehr hohe Arbeitslosenquote. Obwohl seit den 60er Jahren eine Hochschule nach der anderen in den großen Zentren den Ruhrgebiets eröffnet hat, ist die Qualifikation der erwerbsfähigen Bevölkerung noch immer in weitem Maße geprägt von der montanindustriellen Vergangenheit. Der Teil der erwerbsfähigen Bevölkerung, der ausreichend qualifiziert ist, jedoch keinen angemessenen Arbeitsplatz findet, wandert ab und hinterlässt einen hohen Anteil Menschen in den älteren und sozial schwächeren Bevölkerungsschichten. Unter diesen Umständen ist die hohe Zahl der Arbeitslosen und Sozialhilfeempfänger nicht weiter verwunderlich. Für die Kommunen bedeutet dieser Umstand eine zusätzliche finanzielle und sozialpolitische Belastung. Abgesehen davon sind

---

[47] *Claussen*, Wiebke: Raum- und siedlungsstrukturelle Entwicklung im Ruhrgebiet. Institut für Raumplanung. Dortmund, 1993.

die Abwanderungsraten in den letzten Jahren weiter gestiegen, was eine Verödung der Städte zur Folge hat, daraufhin auch die Zahl der Geschäfte abnimmt und die Stadt auf diese Weise noch weniger Steuereinnahmen bekommt. Auf diese Weise schließt sich der Teufelskreis. Eine nachhaltige Verbesserung könnte auch dadurch erzielt werden, dass man bewusster versucht, die jungen Hochschulabsolventen in der Region zu halten. Dies würde nicht nur die sozialen Probleme verringern, sondern der Region auch zusätzliche Impulse verschaffen.

Hinsichtlich der *kulturellen Entwicklung* gibt es wohl keine andere Region europaweit, die sich in so kurzer Zeit so enorm gewandelt hat. Touristische Ausflüge ins Ruhrgebiet wären vor 50 Jahren noch undenkbar gewesen, heute gibt es unzählige Reiseführer für die Region. Tagestouren ins Ruhrgebiet, ja, sogar Urlaub im Ruhrgebiet kann man in Reisebüros in ganz Deutschland buchen.

Auf dem Kulturkongress des KVR „Innovation oder Stagnation? Kultur um Ruhrgebiet" am 24. Januar 2002 in Essen fand eine grundlegende Diskussion über die Zukunft der Kultur in der Region statt.[48] Man war sich einig, dass die kulturelle Zusammenarbeit zwischen den Städten und auch den verschiedenen Akteuren, wie z. B. der Kultur Ruhr GmbH und dem Verein ‚Pro Ruhrgebiet' vertieft werden sollte, um Konkurrenzdenken zu vermeiden und größere Ensembles gemeinsam finanzieren zu können. Kritisch betrachtet wurde im Forum der Museen der Umstand, dass Ausstellungen zum Teil überinszeniert worden seien. Dies würde der ernsthaften Vermittlung der Inhalte schaden. Generell gilt dieser Kritikpunkt für alle kulturell im Ruhrgebiet inszenierten Objekte. Eine übertriebene Darstellung kultureller Inszenierung könnte dazu führen, dass die Bewohner des Ruhrgebiets sich diesen verschließen, weil sie sich nicht damit identifizieren können.

Die Anstrengungen im kulturellen Bereich sollen sich in den kommenden Monaten auf die Bewerbung des Ruhrgebiets zur Kulturhauptstadt Europas 2010 konzentrieren. Da das Ruhrgebiet neben den anderen deutschen Bewerberstädten der einzige Bewerber ist, der in seinem Angebot regional konstituiert ist, also mehrere Städte umfasst, erhofft man sich Vorteile hinsichtlich der Entscheidung. Die heute abgeschlossene IBA stellte einen Vorstoß in eine postindustrielle Zeit dar. Nachdem ihre Ziele weitgehend verwirklicht worden sind, braucht die Region nun neue Anreize und Perspektiven. Die Bewerbung um die Kulturstadt Europas ist eine solche Perspektive, und das Ruhrgebiet kann sich mit seiner europaweit bedeutenden industriellen Vergangenheit den Konkurrenten als ein selbstbewusster Bewerber stellen. Entscheidend ist aber nicht nur die Qualität und Quantität an kulturellen Angeboten, sondern auch die Lebensqualität in der Region insgesamt. Auf diese Weise schließt sich der Kreis aus Stadtplanung, Wirtschaft, Ökologie, sozialen Aspekten und Gesellschaft und der Kultur.

Der Strukturwandel ist längst noch nicht abgeschlossen und eine konsequente Arbeit am Image ist weiterhin sehr wichtig. Der eingeschlagene Weg unter dem Leitbild einer Entwicklung von der Industrie- zur Kulturregion ist die Basis für eine identitätsstiftende Atmosphäre in der Region. Sie hat einen selbstverstärkenden positiven Effekt auf die Wirtschaft und die Bevölkerung und weist somit zukunftsträchtigen Charakter auf.
Man darf gespannt sein, wie es mit dem Ruhrgebiet weiter geht.

---

[48] Willamowski, Gerd/ Nellen, Dieter/ Bourrée, Manfred (Hrsg.): Ruhrstadt. Kultur kontrovers. Klartext. Essen, 2003. S.686-698

VII. Literatur

Beierlorzer, Henry/ Boll, Joachim: Neue und alte Siedlungen als Erneuerungsimpuls für eine Region. Projekte der IBA Emscher Park. In: Beierlorzer, Henry/ Boll, Joachim/ Ganser, Karl (Hrsg.): Siedlungskultur. Neue und alte Gartenstädte im Ruhrgebiet. Vieweg & Sohn Verlagsgesellschaft mbH. Braunschweig/ Wiesbaden, 1999.

Blotevogel, Hans Heinrich: Das Ruhrgebiet – Vom Montanrevier zur postindustriellen Urbanität? In: Heineberg, H./ Temlitz, K.(Hrsg.): Strukturwandel und Perspektiven der Emscher-Lippe-Region im Ruhrgebiet. Geographische Kommission für Westfalen. Aschendorff Verlag GmbH und Co. KG. Münster, 2003.

Blotevogel, Hans Heinrich: Ist das Ruhrgebiet eine Region? In: Heienbrok, Klaus/ Jablonowski, Harry W. (Hrsg.): Blick zurück nach vorn! Standpunkte, Analysen, Konzepte zur Zukunftsgestaltung des Ruhrgebiets. SWI-Verlag. Bochum, 2000.

Claussen, Wiebke: Raum- und siedlungsstrukturelle Entwicklung im Ruhrgebiet. Institut für Raumplanung. Dortmund, 1993.

Domke, Sigi: Ganz woanders. Ruhrgebiet zwischen Halluzinierung und Alltag. In: Kommunalverband Ruhrgebiet (Hrsg.): Portal Ruhrgebiet. Europas Mitte macht aus Visionen Wirklichkeit. Klartext. Essen, 2002.

Duckwitz, Gert/ Hommel, Manfred: Vor Ort im Ruhrgebiet. Ein geographischer Führer. Kommunalverband Ruhrgebiet. Verlag Peter Pomp. Essen, 2002.

Föhl, Axel: Am Fuße der Fördertürme. Industriekultur im Revier. In: Kommunalverband Ruhrgebiet (Hrsg.): Portal Ruhrgebiet. Europas Mitte macht aus Visionen Wirklichkeit. Klartext. Essen, 2002.

Ganser, Karl: Alte und Neue Gartenstädte. In: Höber, Andres/ Ganser, Karl: Industriekultur. Mythos und Moderne im Ruhrgebiet. Klartext. Essen, 1999.

Goch, Stefan: Eine Region im Kampf mit dem Strukturwandel. Bewältigung von Strukturwandel und Strukturpolitik im Ruhrgebiet. Essen, 2002.

Heineberg, Heinz/ Mayr, Alois: Neue Einkaufszentren im Ruhrgebiet. Vergleichende Analysen der Planung, Ausstattung und Inanspruchnahme der 21 größten Shopping – Center. Ferdinant Schöningh. Paderborn, 1986.

Kastorff-Viehmann, Renate: Das Ruhrgebiet eine „grüne Stadt"? In: Kastorff-Viehmann, Renate (Hrsg.): Die grüne Stadt. Klartext. Essen, 1998.

Kastorff-Viehmann, Renate: Die Stadt und das Grün 1860 bis 1960. In: Kastorff-Viehmann, Renate (Hrsg.): Die grüne Stadt. Klartext. Essen, 1998.

Kersting, Ruth/ Ponthöfer, Lore (Hrsg.): Wirtschaftraum Ruhrgebiet. Cornelsen & Schroedl Gmbh & Co. Berlin, 1990.

Kiessler, Richard: Zielpunkt Rhein Ruhr. In: Kommunalverband Ruhrgebiet (Hrsg.): Portal Ruhrgebiet. Europas Mitte macht aus Visionen Wirklichkeit. Klartext. Essen, 2002.

Kift, Roy: Rauchsignal an Oberhäuptling. Wie, bitte, geht's zur Ruhrstadt? In: Kommunalverband Ruhrgebiet (Hrsg.): Portal Ruhrgebiet. Europas Mitte macht aus Visionen Wirklichkeit. Klartext. Essen, 2002.

Kommunalverband Ruhrgebiet (Hrsg.): Portal Ruhrgebiet. Europas Mitte macht aus Visionen Wirklichkeit. Klartext. Essen, 2002.

Leser, Hartmut: Wörterbuch Allgemeine Geographie. Deutscher Taschenbuch Verlag. Münschen, 2001.

Vesper, Michael: Ökologischer Wohnungsbau für die urbane Stadt. In: Pesch, Franz/ Roters, Wolfgang (Hrsg.): Die Stadt der Zukunft. Dokumentation des 5. internationalen Kongresses für Altstadt und Baukultur. Ministerium für Stadtentwicklung, Kultur und Sport des Landes Nordrhein-Westfalen. Düsseldorf/ Herdecke, 1996.

Willamowski, Gerd/ Nellen, Dieter/ Bourrée, Manfred (Hrsg.): Ruhrstadt. Kultur kontrovers. Klartext. Essen, 2003.

Willamowski, Gerd: Mehr Ruhrgebiet – was denn sonst? In: Kommunalverband Ruhrgebiet (Hrsg.): Portal Ruhrgebiet. Europas Mitte macht aus Visionen Wirklichkeit. Klartext. Essen, 2002.

Wood, Gerald: Projektorientierte Planung im Ruhrgebiet. Die internationale Bauausstellung (IBA) Emscher Park. In: Habrich, Wulf/ Hoppe, Wilfried (Hrsg): Strukturwandel im Ruhrgebiet. Perspektiven und Prozesse. Dortmunder Vertrieb für Bau- und Planungsliteratur. Dortmund, 2001.

VIII. Links

www.kvr.de

www.industriekultur-ruhr.de

www.zukunftruhrgebiet.de

www.ruhrgebiettouristik.de

www.ruhrlink.de

www.das-ruhrgebiet.de

www.businessportal-ruhr.de

www.kulturhauptstadt-europas.de